图说中国非物质文化遗产

中国最美 第三辑

纸笺

主　编　王海霞
副主编　郐高娣
本册著　刘靖

长江出版传媒
湖北美术出版社

序

王文章　中国艺术研究院院长
中国非物质文化遗产保护中心主任

随着中国非物质文化遗产保护工作的推进，广大民众对中国非物质文化遗产保护的关注度、参与度越来越高。非物质文化遗产保护已然成为中国文化界乃至中国社会的重要事项。在现代化进程中，人们已经看到，由于生活环境的改变和生产方式、生活方式的变化，产生于传统农业社会的非物质文化遗产正在急剧消失，这种现实将会给人类社会可持续发展带来不可挽回的损失。因之，全面保护非物质文化遗产，尤其是让广大青少年认识到中华民族优秀传统文化的精粹性、珍贵性和保护它的重要性，已经成为全社会的共识。

2003 年 10 月 17 日联合国教科文组织通过的《保护非物质文化遗产公约》指出："非物质文化遗产世代相传，在各社区和群体适应周围环境以及与自然和历史的互动中被不断地再创造，为这些社区和群体提供持续的认同感，从而增强对文化多样性和人类创造力的尊重。"非物质文化遗产在自然衍变中呈现的形态是丰富多样的，这充分反映了文化的多样性。世界各国都有自己的传统民族文化，中国的民族民间文化是我们的母体文化，它延续了我们几千年的文化传统，一直到今天，从未断裂，它寄托了大众的生活观念、审美理想、精神情感，承载着中华文化的基因和血脉，呈现出中华民族屹立于世界文化之林的独特个性。我们丰富的非物质文化遗产，从一个方面充分而又集中地体现着中华民族的文化精神。《图说中国非物质文化遗产》之"中国最美"系列的编撰，即是想从非物质文化遗产丰富的门类中，选择部分具有视觉美感的传统美术和手工艺作品，对构成其形态的传统制作技艺进行描述和分析，让读者特别是青少年读者认识其珍贵而又独特的价值。这些美好的传统艺术蕴含了人们的创造智慧，表达了中华民族的审美心理和人们对幸福生活的美好向往。

在人类社会现代化进程不断加快、科技快速发展和全球经济一体化的时代，越来越多的民族、地区和人口被纳入到世界变化的总体格局之中。保护人类文化的多样性，是与人类社会的可持续发展紧密相连的。而保护各个民族那些民间土壤上生长的、具有独特创造性和蓬勃生命活力的民间艺术，是人类文化保持生生不息生命力的重要保证。作为中华民族的子孙，我们应该认识和珍视自己传统的优秀文化遗产，并为传承和发展它们努力贡献自己的力量。我想，广大读者包括青少年读者会从这套丛书中感受到编著者的希望。

目 录
CONTENTS

一、纸笺的历史沿革

造纸术是我国古代四大发明之一，纸的出现为我国乃至世界文化的发展做出了巨大贡献，纸笺加工技艺是造纸术的重要组成部分。

笺，本指系在简牍上，用作标识，写有注文的狭条形竹片，后指用于书写的小幅精美纸张。纸笺是指经过加工得到的外表精美的纸张，以及经过改善使用性能、提高耐老化性能等再次加工工艺而被赋予内在美的纸张。

我国纸笺加工技艺的出现不晚于东汉末年。东汉末有"妍妙辉光"的左伯纸，其砑光技术已相当成熟。砑光技术是目前有据可考的最早的纸笺加工技艺。纸张的施胶、施粉涂布技艺的出现不晚于晋代（265—420 年），由此诞生了熟纸与粉笺。砑光、施胶、施粉涂布技术主要是对纸张实用性能的改善，至于提高美观程度和起到染潢防蠹作用的染色技术，在晋代也已普遍使用。

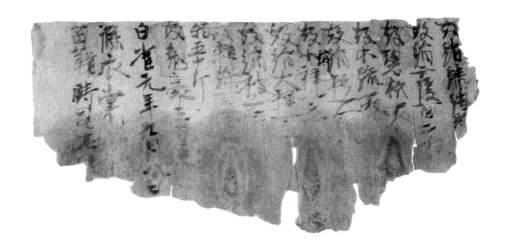

衣物券　后秦白雀元年（384 年）

唐代是纸笺大创新的时期，其后历代著名纸笺基本上都能溯源到唐代。唐代在皇宫内府和三省三馆中均设有熟纸匠，熟纸匠专司将生纸变为熟纸，这一编制在宋、元、明、清各朝一直沿用，影响深远。从皇帝的诏书、敕令、朝臣的奏折，各州府的公文到文人书画用纸，大多使用熟纸，这促进了纸笺加工技艺的发展，新的纸笺品种不断出现，如蜡笺、粉蜡笺、冷金笺、泥金笺、砑花纸等。其中，染色的纸笺有薛涛笺、云蓝纸等，以薛涛笺最为著名。

南唐澄心堂纸在宋代被发现后，受到欧阳修、刘敞、梅尧臣、蔡襄、宋敏求等名士的高度评价，大量赞美的诗篇流传于世，后世纷纷仿造。

宋、元纸笺加工技艺在隋唐五代的基础上继续提高。如宋代的谢公十色笺、金粟山藏经纸，分别是从唐代薛涛笺、蜡笺发展而来；我们今天能见到的元代明仁殿纸、端本堂纸源于唐代的粉蜡笺。

明代永乐、宣德年间，纸笺的发展达到了新的高潮。明宣宗朱瞻基为画家，对纸张要求高，下令全面提高内府用纸质量并增加新品种，有力地促进了纸笺的发展。当时涌现的纸笺新品种，如素馨纸、白笺、五色粉笺、洒金笺（在白纸上洒金）、金花五色笺、五色大帘纸、洒金五色粉笺和瓷青纸、羊脑笺等，统称为宣德纸。宣德纸上承唐宋造纸传统，下启明清造纸技术，有重大历史作用。明末，饾版水印及拱花技艺已相当成熟，出现了《萝轩变古笺谱》《十竹斋笺谱》等代表性笺谱。此外，明代著作中关于纸笺加工技艺的记载远超过以前各代，如屠隆《考槃余事》、高濂《遵生八笺》以及项元汴《蕉窗九录》等记载了造金银印花笺法、造葵笺法、染宋笺色法、染纸作画不用胶法等纸笺加工技艺。

清代康熙、乾隆皇帝对纸张质量的要求也极高。这一时期，皇宫内府的纸笺作坊不计成本地大量依式仿制了前代的名纸名笺，民间也纷纷仿效，纸笺的发展达到空前水平。清乾隆年间粉蜡笺的制作最为精良，史称"库蜡笺"。

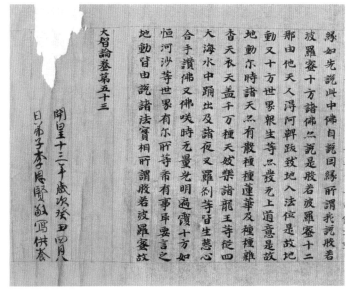

药黄纸　隋代

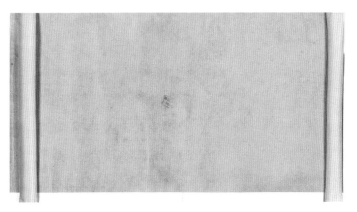

金粟山藏经纸　宋代

然而自鸦片战争至新中国成立前，我国内忧外患不断，经济萧条，加之从国外引入机制纸，严重冲击着传统纸笺行业，纸笺的发展由盛至衰，许多纸笺加工技艺逐渐消亡。值得指出的是，20世纪30年代，鲁迅与郑振铎对岌岌可危的饾版水印及拱花技艺进行了抢救，搜集、出版了《北平笺谱》；随后，又翻印了明代《十竹斋笺谱》，为我国纸笺的保护与传承做出了突出贡献。

新中国成立后,纸笺的传承与发展经历了一波三折。20世纪50年代,相继恢复了矾宣、云母、洒金笺及木版水印笺等数个纸笺品种的生产,但由于机制纸的日益普及,纸笺逐渐从书籍装帧及日用制品的领域退出,主要用于传统书法、绘画,其使用量较为有限,生产、恢复亦受此限制。60—70年代,纸笺生产恢复的脚步基本停了下来。改革开放后,伴随着我国经济的高速增长,人们对文化生活有了更高的要求,这激发了对纸笺的需求,纸笺的生产得以再次恢复。尤其在2000年前后,许多失传的纸笺品种如雨后春笋般被重新挖掘、复原、生产,如手绘粉蜡笺、金银印花笺、泥金笺、流沙笺、透光笺等,纸笺的传承与发展迎来了又一个历史机遇期。

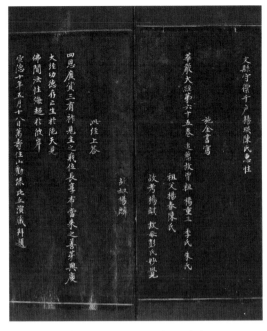

羊脑笺　明宣德十年(1435年)

仿明仁殿纸　清乾隆年间(1736—1796年)

仿金粟山藏经纸　清乾隆年间(1736—1796年)

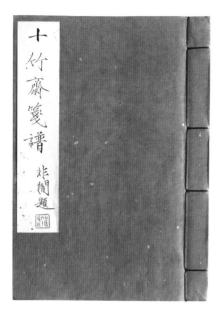

《十竹斋笺谱》 1952年

《北平笺谱》 2002年

真金手绘粉蜡笺（云龙）

二、纸笺的种类与产地分布

我国纸笺种类繁多，大体可从原料、外观、加工工艺等方面命名和分类。以原料命名的有矾纸、云母纸、豆腐笺、泥金纸、羊脑笺、粉笺、蜡笺、粉蜡笺等；以外观命名的有色纸、虎皮笺、冰琅笺、衍波笺、水纹纸、素馨笺、乌金纸、玉版纸等；以加工工艺命名的有煮捶笺、木版水印笺、砑花笺、拱花笺、刻画笺、洒金纸、金银印花笺、手绘笺等。

在历代纸笺名品中，有不少以人名命名的，如左伯纸、薛涛笺、谢公笺等；有以制作、收藏或发现地命名的，如澄心堂纸、金粟山藏经纸、端本堂纸、明仁殿纸、姑苏笺等，其中澄心堂纸、端本堂纸等是多种纸笺和纸的统称。

纸笺如经过再次加工，还可制成册页、折页、扇面、手卷、镜片、印谱等。

纸笺曾经用途广泛，如可制作纸币、灯笼、名帖，作为剪纸、书籍装帧的材料等。历史上，自唐代起皇宫内府均设有纸笺加工机构，全国各手工纸产区及手工纸集散地往往有不同种类的纸笺生产。如今，纸笺的产地主要集中在北京，天津，上海，安徽的合肥、泾县，江苏的南京、苏州，浙江的杭州、富阳，四川的夹江等地，在云南、福建、贵州、湖南、山西、青海、西藏等地也有少量分布。其中，北京荣宝斋、上海朵云轩为国家级非物质文化遗产代表性项目"木版水印技艺"保护单位，安徽巢湖的掇英轩书画用品有限公司（以下简称"掇英轩"）为国家级非物质文化遗产代表性项目"纸笺加工技艺"保护单位。

三、纸笺制作的设备、工具、原材料及辅料

1. 设备及工具

画桌、水印台、饾版、裱褙台、涂布台、挣板、毛笔、排笔、底纹笔、杯、碟、盆、桶、喷壶、竹起、竹铲、裁纸刀、剪刀、刻纸刀、木雕刻、砑石、熨斗、毛巾、棕把、棕刷、棕老虎、拖纸盆、晾纸架、木棍、夹子等。

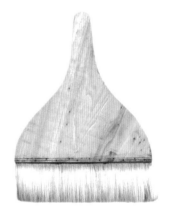

底纹笔

排笔

棕把

棕老虎

矸石

饾版

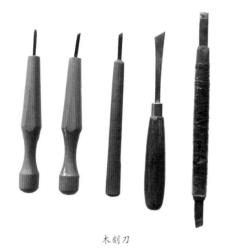

装有调制好的金、银粉的杯和碟

木刻刀

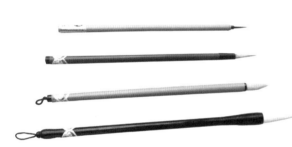

竹起与竹铲

毛笔

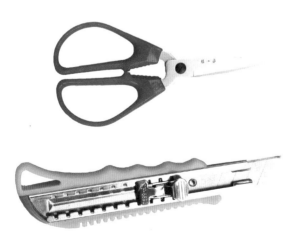

剪刀和裁纸刀

喷壶

2. 原材料

宣纸、皮纸、麻纸、竹纸、草纸等，其中皮纸有楮皮纸、三桠皮纸、雁皮纸等。

3. 辅料

矿物性辅料：朱砂、雄黄、石青、石绿、赭石、云母、高岭土、垩土、金粉、银粉、铜粉、铝粉、金箔、银箔、明矾等。

动物性辅料：珊瑚粉、蛤粉、胭脂、蜂蜡、蜂蜜、骨胶、明胶、鹿皮胶、蛋清胶、鱼鳔胶等。

植物性辅料：黄檗、靛蓝、藤黄、苏木、槐黄、栀黄、栗壳、橡子、苍术、通草、花椒、桃胶、皂角、白芨、小麦淀粉、糯米等。

| 朱砂 | 雄黄 | 赭石 |

金箔

银箔

蜂蜡

鹿皮胶

黄檗

栗壳

皂角

明矾

骨胶

明胶

四、纸笺加工技艺

纸笺加工技艺主要包括配料、拖染、涂布、托裱、描绘、洒溅、砑花、砑光、刻纸、雕版、饾版水印、拱花、拓印、裁切等。配料工艺往往是纸笺加工技艺中秘不外传的核心技艺。

纸笺制作涉及雕刻、浸染、刻纸、书画、扎染、泥金等多种传统技艺门类，不同的纸笺品种需采用不同的纸笺加工技艺，通过一种、两种或多种技艺的综合运用制作出丰富多彩、性能各异的纸笺品种。

备棓

拖染

提挂

涂布

描金

描绘

洒金

砑花　　　　　　　　　　　　　　　雕版

对版　　　　　　　　　　　　　　　上色

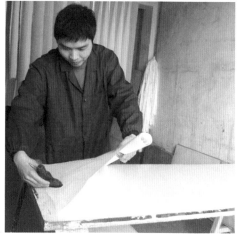

刻纸　　　　　　　　　　　　　　　托裱

五、纸笺的保护与传承

"木版水印技艺""纸笺加工技艺"相继被列入国家级非物质文化遗产保护名录，北京荣宝斋、上海朵云轩、安徽掇英轩为国家级纸笺类加工技艺保护单位。此外，还有多种纸笺制作技艺被列入省级、市级非遗名录，纸笺的保护与传承迎来了最好的历史机遇。

目前纸笺保护与传承最大的困难是后继乏人。纸笺的制作和加工涉及多个门类的手工技艺，艺人需经过长时间刻苦学习才能掌握，加之目前纸笺行业经济效益不高，真正安得下心来保护和传承纸笺技艺的艺人少之又少。

2009 年，纸笺加工技艺传承人刘靖在文化部主办的非物质文化遗产生产性方式保护论坛上发言。

纸笺是中国手工纸的重要组成部分，由于历史原因，如今人们对纸笺的了解已经不多。只有深入挖掘纸笺的现代价值，扩大纸笺的应用范围，通过生产性保护创造更大的经济效益，才能留住甚至吸引更多的人去保护、传承它。

2011 年，中央美术学院设计学院手工艺体验课程作业展中，刘靖正在点评学生们制作的各种纸笺产品。

2012 年，中国非物质文化遗产生产性保护成果大展上，刘靖正在给爱好者演示手绘描金粉蜡笺技艺。

六、作品赏析

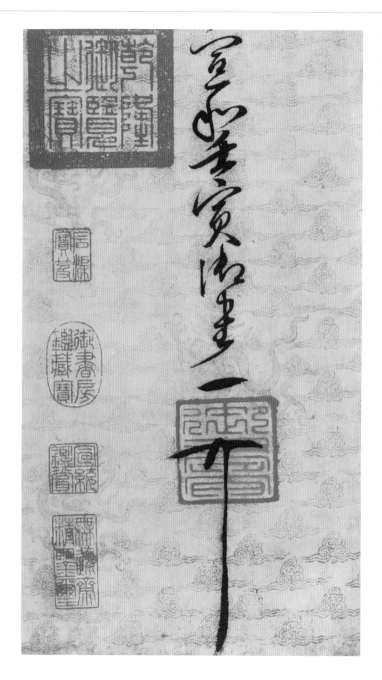

名称：真金手绘云龙纹粉蜡笺

制作时间：北宋

制作者：不详

规格：纵 31.5 厘米，横 1117.5 厘米

收藏者：辽宁省博物馆

粉蜡笺始创于唐代，是在魏晋南北朝粉笺与唐代蜡笺的基础上发展起来的。在粉蜡笺上用真金粉手工描绘出图案纹饰，则制成真金手绘描金粉蜡笺。真金手绘粉蜡笺用料昂贵，制作工艺复杂，素为历代皇室专用，有着"帝王纸"的美誉。

　　这张真金手绘云龙纹粉蜡笺是宋徽宗赵佶（1082—1135 年）《草书千字文》用纸，是以粉蜡笺为底，用纯金粉在纸面一笔笔绘制连续的云龙纹精制而成的，纸质精良，图案精美，画工精细。

　　宋徽宗《草书千字文》是我国迄今发现的最早一张粉蜡笺书法作品，其长度达 1117.5 厘米，为粉蜡笺之最。当今，以传统手工抄纸工艺制作的纸张最长仅达 1100 厘米，将原纸加工成 1117.5 厘米长的粉蜡笺仍然难以办到。

　　宋徽宗在书法、绘画领域取得了非凡成就，独创"瘦金体"书法，善画花鸟。他成立并亲自掌管翰林书画院，提高了画家的社会地位；主持编纂《宣和书谱》《宣和画谱》《宣和博古图》等，为我国书画艺术的传承与发展做出了巨大贡献。这样一个无比热爱书画艺术的帝王，对书画用纸的要求必定极高，这张真金手绘云龙纹粉蜡笺便体现了北宋极为精湛的造纸、制笺工艺，代表了我国传统纸笺制作技艺的最高水平。

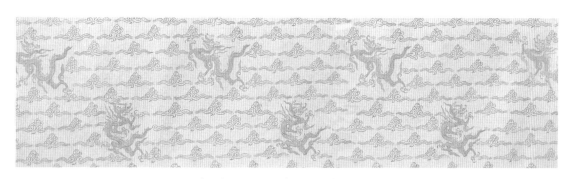

真金手绘云龙纹粉蜡笺（刘靖复制）

名称：真金手绘仿澄心堂山水粉蜡笺

制作时间：清乾隆年间

制作者：清宫廷如意馆

规格：纵 42.2 厘米，横 48.2 厘米

收藏者：天津博物院

澄心堂是南唐烈祖李昪在金陵（今南京）的居所。南唐后主李煜在位时，设官局监造佳纸供御用，该纸逐取名为"澄心堂纸"。

北宋时，有文人发现了遗存的澄心堂纸，刘敞、欧阳修、梅尧臣、宋敏求等诸公咏澄心堂纸的诗相当多，并对其高度评价，此纸于是名声大振。

南唐澄心堂纸质量优良，传世较稀少，历来为文人墨客所喜爱、推崇，自北宋至清代乾隆年间均有仿制。

南唐澄心堂纸今已不存，其形制只能从流传的诗句与历代仿制澄心堂纸中窥见一斑了。笔者认为，澄心堂纸作为御用纸，其品种应很多，粉蜡笺只是其中的一种。这张真金手绘仿澄心堂山水粉蜡笺，纸质均匀厚实，表面光洁，以纯金粉绘制具有中国人文特色的山水人家，充满了诗情画意。在绘画构思上巧妙运用纸面的蓝底色，形成碧水蓝天之景，给人以无限遐想。

此笺右下角盖有"乾隆年仿澄心堂纸"朱红印记，该印记使此纸笺具有了更高的历史文化价值。此笺为国家馆藏二级文物。

这张真金手绘仿明仁殿如意云纹双面粉蜡笺为清乾隆年间宫廷御用纸，底纸为桑皮纸，在纸的两面施以粉色、蜡等，并在正面用纯金粉满绘如意云纹，背面再饰以雨雪片状纯金箔，纸面平滑、光亮。此笺工艺精湛，造价极高。

如意云纹是我国传统纹饰中的代表性纹样，有着事事如意、吉祥、平安、富贵之意。

在纸的右下角铃有隶书朱印"乾隆年仿明仁殿纸"。明仁殿是元代皇帝读书和批阅奏折的地方，"明仁殿纸"是元代宫廷内府用的艺术加工纸。元人陶宗仪《辍耕录》云："明仁殿纸与端本堂纸略同，上有泥金隶书'明仁殿'之字印。"纸质绝好，为一时之最。清代是传统纸笺加工最为鼎盛的时期，这一时期仿造了很多历代名笺，该粉蜡笺是其中之一。

名称：真金手绘仿明仁殿如意云纹双面粉蜡笺

制作时间：清乾隆年间

制作者：不详

规格：纵 112.5 厘米，横 53 厘米

收藏者：故宫博物院

名称：梅花玉版笺

制作时间：清乾隆年间

制作者：不详

规格：纵 50 厘米，横 49.5 厘米

收藏者：故宫博物院

原纸为皮纸，纸面施以粉蜡，再用真金粉绘冰梅图案。纸为斗方式，右下角有云纹栏隶书朱印"梅花玉版笺"字样。纸厚薄均匀，表面光滑。

梅花玉版笺是清代康熙年间创制的高级笺纸，乾隆年间盛行，制作极为精湛，成为宫廷专用纸，为清代粉蜡笺中的名品。

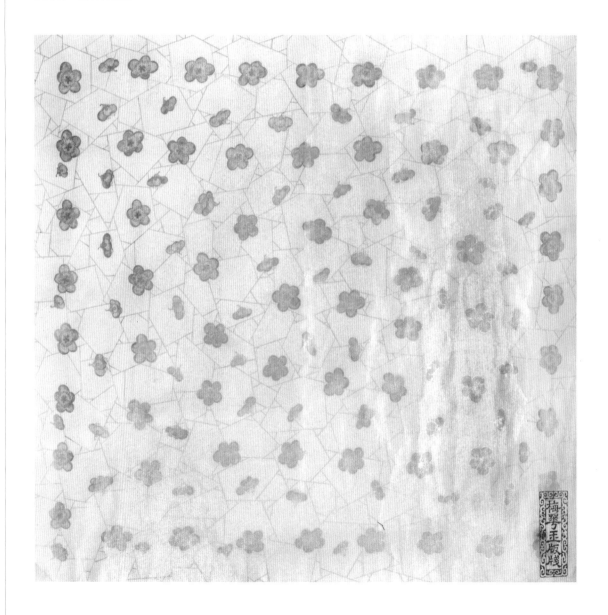

名称：砑花花鸟牙白粉蜡笺

制作时间：清代

制作者：不详

规格：纵126厘米，横29.5厘米

收藏者：安徽博物院

　　此为清代朱心农篆书五言联用纸，系砑花花鸟粉蜡笺，制作技法为：先将纸加粉、砑光加工成牙白粉蜡笺后，再选取木板，雕刻花、果、飞鸟等图案，复取纸张正面朝上覆于木板之上，再取砑石擦蜡砑磨纸面。经过砑磨，图案处纸面更加密实、光亮，花纹隐现，即制作完成。

　　此纸质地坚白平挺，纸面略有凹凸，隐现花团锦簇、果实累累及情态各异的飞鸟图案，给人一种宁静淡泊、高古雅逸之感。

局部

名称：真金手绘缠枝正龙纹瓷青粉蜡笺

制作时间：2000 年

制作者：刘靖（仿制）

规格：纵 66 厘米，横 66 厘米

产地：安徽巢湖

收藏者：掇英轩

　　此笺以瓷青色粉蜡笺为底，用纯金粉、白银、朱砂绘制，黑白对比强烈，视觉冲击力强。图案设计中融入了我国天圆地方的传统理念，画面中央的祥云呈圆形，环绕着代表至高无上皇权的正龙，威严肃穆，四周缠枝纹连绵缠绕。画面四角点缀着既似盛开的牡丹，又似飞舞的蝙蝠的图案，取富贵、多福之意。整幅画面在富贵华丽中彰显了皇家的威严。

大红寓意着喜庆、吉祥，是我国逢年过节、婚嫁喜事不可缺少的颜色，又称中国红。这张大红色粉蜡笺上以真金、白银绘制出四条飞腾在祥云中的龙，其中上龙为正龙，龙头平视正前方，龙身盘绕踞坐，象征着国家太平，江山安定。左右两条龙为升龙，龙头向上，龙身在下，蜿蜒升腾，寓意恭拜、拥戴之意。下方龙呈行走姿态，称为行龙，寓意忠诚效命。

在清代，正龙纹代表皇权，为皇帝专用；升龙纹除皇帝可用外，皇后、皇子亦可使用；行龙纹为郡王使用。

这张粉蜡笺在威严中有祥和与喜庆之意，多为装点皇宫，书写"福""春""喜"等字使用。

名称：真金手绘龙腾盛世纹大红粉蜡笺

制作时间：2000 年

制作者：刘靖（仿制）

规格：纵 66 厘米，横 66 厘米

产地：安徽巢湖

收藏者：掇英轩

名称：真金手绘双龙戏珠水浪纹粉蜡笺

制作时间：2013 年

制作者：方春希（仿制）

规格：纵 42 厘米，横 112 厘米

产地：安徽巢湖

收藏者：掇英轩

　　该纸为仿制故宫藏清乾隆时期的御用粉蜡笺，纸质温润，纸面平滑、光亮。双龙戏珠水浪纹以纯金粉绘制，在橘黄底色的映衬下，富贵华丽，极具皇家气息。

　　在我国传统纹饰文化中，双龙一般分雄雌，画面上两龙相对相依，追逐着一颗龙珠，象征着夫妻恩爱和谐，共同追求美好生活。双龙戏珠升腾于海水江崖之上，寓意江山一统、天下和平、喜庆吉祥。

此笺是在制作橘色粉蜡笺的基础上，先洒以金箔，再以纯金粉手绘云龙纹边栏装饰而成。云龙纹边栏上下各饰戏珠行龙一对，左右各饰升龙一条，祥云密布，五爪金龙翻飞其间，气势磅礴；中间金箔似繁星点点，宁静悠远。一动一静彰显皇家气息，富贵庄重。

此笺为仿制清代宫廷御用纸笺，现在多用于室内装饰或题写匾联。纸笺装饰边栏为清代中期多见形式。

名称：真金手绘云龙纹洒金粉蜡笺

制作时间：2013 年

制作者：方春希（仿制）

规格：纵 60 厘米，横 136 厘米

产地：安徽巢湖

收藏者：掇英轩

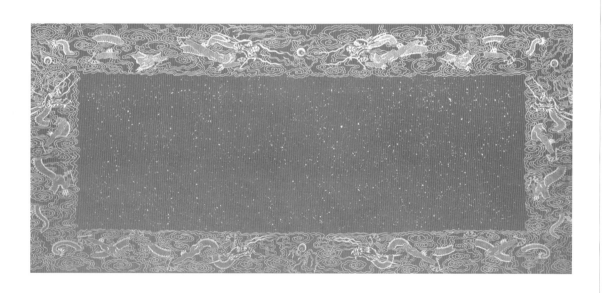

名称：真金手绘行龙纹双面粉蜡笺

制作时间：2004 年

制作者：刘靖（仿制）

规格：纵 42 厘米，横 136 厘米

产地：安徽巢湖

收藏者：掇英轩

此笺是根据荣宝斋收藏的一张明代粉蜡笺一比一仿制，为双面粉蜡笺。正面为橘黄色，在其中心位置绘一条气势威武的行龙，四周并以小行龙纹围框环绕装饰，真金手绘线条均匀流畅，龙纹刻画精细；反面为真金雨雪洒金粉蜡笺，淡乳黄色，金光闪烁。整幅粉蜡笺色、纹、金相得益彰，通体彰显着皇家的庄严与富贵。

此笺原作供明代宫廷书写诏书、诰命等使用。正面行龙图上方有一条细线，书写时如遇皇帝名号，必须提高写在细线上方，以示恭敬，故这是一条等级森严、不可逾越的界线。

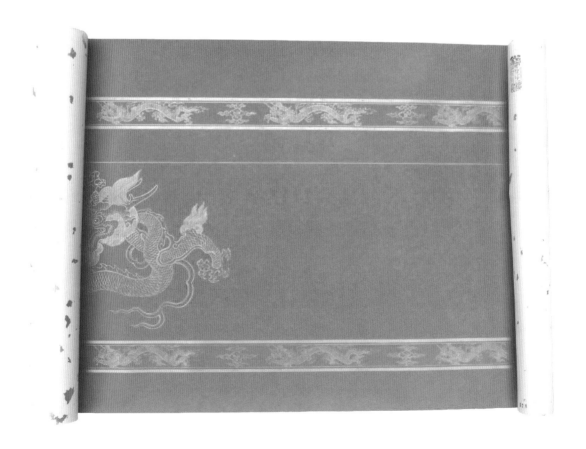

此粉蜡笺上大狮子口是闭合的，代表母狮。母狮正用绣球逗引小狮子。四周以如意云环绕。画面充满着欢快与祥和的氛围，表达了浓浓的母子之情。

"狮""事"音相近，两只狮子与如意云构图，寓意"事事如意"。在大红色粉蜡笺上用金色绘以"事事如意"，更显得喜庆。

名称：真金手绘事事如意纹粉蜡笺

制作时间：2010 年

制作者：刘靖（仿制）

规格：纵 68 厘米，横 34 厘米

产地：安徽巢湖

收藏者：掇英轩

名称：真金手绘五福临门纹粉蜡笺

制作时间：2010 年

制作者：刘靖

规格：纵 68 厘米，横 34 厘米

产地：安徽巢湖

收藏者：掇英轩

此笺中的蝙蝠、祥云图案是以真金手工绘制完成。五只蝙蝠上下飞舞，穿梭于祥云之间。"蝠"与"福"同音，此图寓意着"五福临门"。

"五福"一词出自《尚书·洪范》，在古代指长寿、富贵、康宁、好德、善终，在现代又常指福、禄、寿、喜、财。五福临门就是指五种福一齐到来。

此笺多用于书写，表达对友人、亲人美好的祝福。

名称：真金手绘苍龙教子纹粉蜡笺

制作时间：2014 年

制作者：方春希

规格：纵 136 厘米，横 68 厘米

产地：安徽巢湖

收藏者：掇英轩

    苍龙教子取材于我国民间传说，故选用该纹样有望子成龙之意。画面中一条苍龙正谆谆教导自己的孩子。苍龙踞于画面上方，占画面大部位置，小龙蜷居于左下方，体现了大小有别、长幼有序的传统思想。

    此笺图案线条流畅，两条金龙翻腾于白云之间，在大红底色的映衬下更显雍容华贵，装饰感极强。主要用于书法，亦可直接用于装饰。

名称：真金手绘五言祥云金龙纹大红粉蜡笺

制作时间：2012 年

制作者：刘靖（仿制）

规格：纵 200 厘米，横 51 厘米

产地：安徽巢湖

收藏者：掇英轩

此笺图案为仿清代御用描金绢笺纹样，灵芝形祥云纹布满全笺，五条金龙分别弯成"U"形，形成五个等距空间。金龙在祥云间翻腾，与大红底色相映，端庄、华贵，彰显皇家气度。

原纸经拣纸、配料、拖染、涂布、施蜡、研光、托裱、上挣、裁切等工艺制成大红色粉蜡笺后，再以真金白银手绘金龙祥云纹，精制而成。多用于书写五言对联。

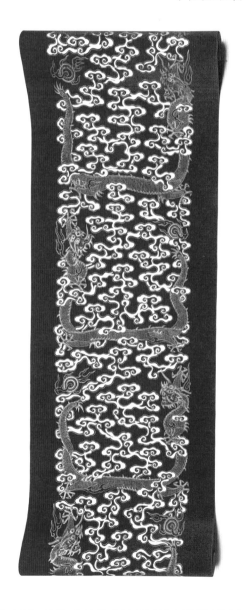

名称：真金手绘缠枝宝相花纹宝蓝粉蜡笺

制作时间：2010 年

制作者：刘靖

规格：纵 136 厘米，横 34 厘米

产地：安徽巢湖

收藏者：掇英轩

　　这件真金手绘缠枝宝相花纹粉蜡笺是以宣纸为基础，经过拣纸、配料、施粉、施蜡、砑光、托裱、裁切等多道工艺制成宝蓝色粉蜡笺后，再蘸真金粉在粉蜡笺上一笔笔绘满缠枝宝相花纹，精制而成。

　　缠枝宝相花纹为我国传统吉祥图案，呈涡旋形、"S"形或波形，绵延伸展，间饰以蝙蝠纹，寓意着吉祥、幸福永远。缠枝宝相花纹在光洁的宝蓝底粉蜡笺的映衬下更显高雅、富贵。

　　真金手绘粉蜡笺在古代多为宫廷御用纸，而今因其精美华贵，多以传统吉祥图案为饰，民族特征、文化内涵丰富，越来越受人们的喜爱，已走入现代室内装饰中。

名称：真金手绘岁寒三友纹粉蜡笺

制作时间：2011 年

制作者：刘娇娇（仿制）

规格：纵 136 厘米，横 34 厘米

产地：安徽巢湖

收藏者：掇英轩

　　此笺采用了传统的松、竹、梅图案。松，四季常青，松叶如针；竹，正直、虚空、有节，竹叶如剑；梅，传春报喜，暗香浮动。松、竹、梅都凌霜傲雪，不畏严寒，有"岁寒三友"之称，是高尚品格的象征，也常用来比喻忠贞的友谊。

　　这张绿色手绘粉蜡笺上，金色折枝"岁寒三友"闪烁其间，清雅、高贵，用于书写，传递友谊与高尚的品德。

局部

此笺原纸为精选优质宣纸，经施胶、施粉、施蜡、砑光、托裱、洒金等多道工艺制成。分淡蓝、桃红、鹅黄、粉红、佛黄五色，纸面平滑、光亮，纸质坚挺、厚实，为熟纸类，多用于书写。纸面上状若雨点、雪花的金片为纯金箔，使此笺更显富贵华丽，惹人喜爱。

名称：雨雪金粉蜡笺

制作时间：明代

制作者：不详

规格：纵 65.5 厘米，横 34 厘米

收藏者：安徽博物院

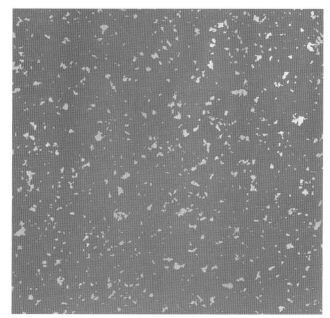

局部

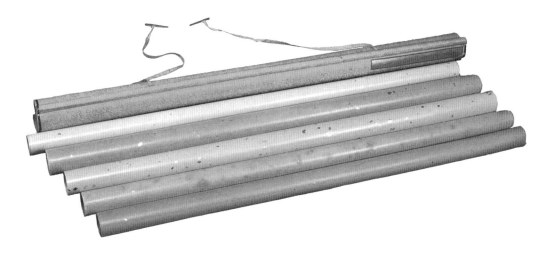

名称：鱼子金粉蜡笺

制作时间：2012 年

制作者：掇英轩

规格：纵 136 厘米，横 68 厘米

产地：安徽巢湖

　　鱼子金又称金粟金，是因金箔片的大小似鱼子、粟米而得名。这组鱼子金粉蜡笺绚丽多彩，色彩纯正，纸面鱼子金密布，金光闪闪，彰显富贵与吉祥。

　　鱼子金粉蜡笺的制作以粉蜡笺为底，先将粉蜡笺用胶矾水刷平后，抖动装有金箔的洒金桶，使金箔从洒金桶底部的网孔飘落，吸附在纸上。洒金时注意整张纸面的金箔要洒制均匀，其后覆盖一张纸，把金箔压平、压实，然后揭起覆纸，将此粉蜡笺挣平、晾干即成。

局部

此为清代桐城人江召棠《墨梅》折扇面，所用的纸为雪金扇面笺。它是在清雅的素笺上，洒贴以密集的雪花状真金箔，再经过托裱、隔挑、折裥、切通、上边等工艺制成。此雪金扇面笺光芒闪烁，绘以俏丽的梅花，使人感到阳光灿烂，春意融融，寒气消尽，暖入心怀。

折扇，又称"聚头扇""撒扇"，多用竹、木或象牙做扇骨，以纸或绫绢做扇面，能折叠，便于携带，用时撒开成半规形，聚头散尾。

我国自宋代已广为使用折扇。明代永乐年间，在扇面上题诗作画的盛行，使折扇上升为另一种艺术形式。扇面书画，扇骨雕琢，为文人雅士所珍爱。

名称：雪金扇面笺

制作时间：清代

制作者：不详

规格：纵 18 厘米，横 52.5 厘米

收藏者：安徽博物院

名称：黑地双色雪金扇面笺

制作时间：2014 年

制作者：王健

规格：纵 19.5 厘米，横 55 厘米

产地：江苏苏州

收藏者：掇英轩

　　我国是最早使用扇子的国家，历来有"制扇王国"的美誉。折扇为历代文人墨客所喜爱，在明清时文人扇的使用达到顶峰。如今折扇的实用功能正在逐渐弱化，更多地向把玩、收藏、艺术品方向发展，产地主要集中在浙江、江苏、安徽、四川、广东等。

　　这张雪金扇面笺以黑色为底，洒以九八金箔（暖色）、七四金箔（冷色），中间密，四周稀疏，利用两种金箔色泽的不同，营造出远近、疏密的视觉效果。观之，似仰望漫天飞舞的雪花；在黑色地的映衬下，既璀璨夺目又不失端庄肃穆。

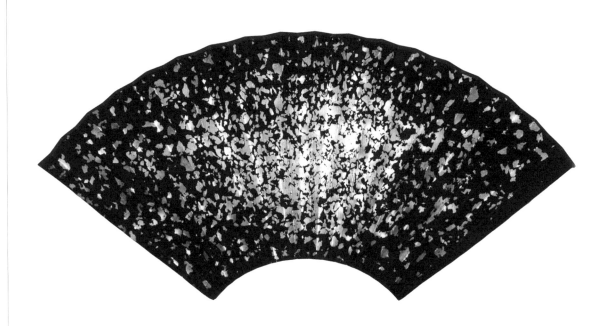

泥金笺在唐代即出现，为中国古代名纸之一。泥金笺通体金黄，然而并不都是以金泥制作，还可以用金箔贴制或洒制等。这张泥金扇面笺是以素白扇面为底，刷上胶矾水后，将真金箔均匀、细密地洒在扇面上，铺满整幅纸面，再覆纸将金箔压平而成。

泥金笺制作分真金、仿金两大类。真金制作原材料多为成色各异的真金粉、真金箔，耐氧化，色泽经久不变。仿金材料传统上多为铜粉、铜箔，如遇潮湿，会很快氧化而变黑。

名称：泥金扇面笺

制作时间：2014 年

制作者：王健

规格：纵 18.8 厘米、横 53 厘米

产地：江苏苏州

收藏者：掇英轩

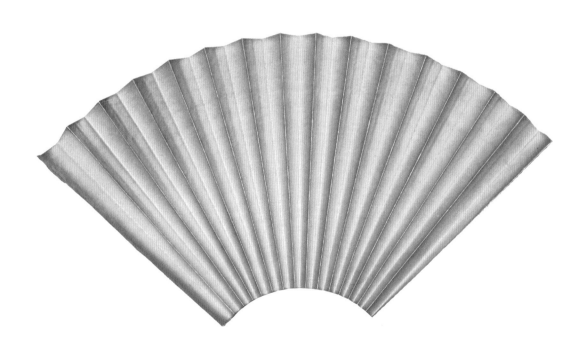

名称：五色珠光笺

制作时间：2002 年

制作者：掇英轩

规格：纵 138 厘米，横 35 厘米

产地：安徽巢湖

收藏者：掇英轩

2001 年，掇英轩在制作泥金、泥银笺过程中首次运用新材料珠光粉。金、银色珠光粉的使用，解决了传统仿金泥金笺和纯银泥银笺遇潮湿易氧化变黑的问题，使之具有了真金般不易变色的特点。

珠光粉色彩丰富，掇英轩选择银白、金黄、金色、古铜、酒红五色，以宣纸为底，经过施胶、涂布等工艺将各色珠光粉均匀满饰于纸的表面，制作出此组五色珠光笺。其中，金黄、金色珠光笺可称为泥金笺，银白珠光笺可称为泥银笺。

五色珠光笺既可作为书法、工笔重彩、小写意等用纸，亦可作为装裱材料等。

名称："何以报之明月珠"木版水印笺

制作时间：1626 年

制作者：吴发祥

规格：纵 21 厘米，横 14.5 厘米

收藏者：上海博物馆

此笺为《萝轩变古笺谱》下册遗赠八幅中的一幅。《萝轩变古笺谱》由明代吴发祥于天启六年（1626 年）镌刻成书，分上、下两册，共收录笺纸 178 幅，是已知的我国现存最早的彩色木版套印笺谱和最早运用拱花技艺的笺谱。

"何以报之明月珠"语出东汉张衡《四愁诗》第三节："我所思兮在汉阳。欲往从之陇阪长，侧身西望涕沾裳。美人赠我貂襜褕，何以报之明月珠。路远莫致倚踟蹰，何为怀忧心烦纡。"

《四愁诗》共分四节，描述诗人从东、南、西、北四个方位寻找美人而处处受阻的忧伤惆怅心情。张衡目睹朝政的混乱，社会的黑暗，虽有报国的理想，却障碍重重，不敢直抒情怀，表面是寻找美人，实指寻找明君，表达其忧国忧民之情，以及为理想不懈追寻的精神。

此笺以"美人赠我貂襜褕，何以报之明月珠"入画，刻画出一件貂皮衣及一盘明月珠，图案简洁，色彩素雅，集诗、书、画、印于一体，为典型的明代文人画笺纸。

名称："记里大章"木版水印笺

制作时间：1626 年

制作者：吴发祥

规格：纵 21 厘米，横 14.5 厘米

收藏者：上海博物馆

此笺为《萝轩变古笺谱》下册代步八幅中的一幅。"记里大章"图案是以饾版水印制作而成。

记里大章即记里鼓车，据传为汉代张衡发明，是我国古代用于计算道路里程的车。有关它的文字记载最早见于《晋书·舆服志》："记里鼓车，驾四，形制如司南，其中有木人执槌向鼓，行一里则打一槌。"

记里鼓车是利用齿轮机构系统来计算路程的，这一原理与现代汽车里程表的原理相同，是近代里程表、减速器发明的先驱。

此图中记里鼓车一辕双轮，在精美的车厢前立一击鼓木人，在车厢后立一迎风招展的龙头幡。此车为天子出行的仪仗车。

名称："书画船"木版水印笺

制作时间：1626 年

制作者：吴发祥

规格：纵 21 厘米，横 14.5 厘米

收藏者：上海博物馆

此笺为《萝轩变古笺谱》下册搜奇二十四幅中的一幅。画面上是以饾版水印技艺印制的一只荡漾在水中，堆满了帙册画轴的小船。内容出自宋代书画家米芾以舟载书画游览江湖的典故，如黄庭坚《戏赠米元章》诗云："沧江静夜虹贯月，定是米家书画船。"

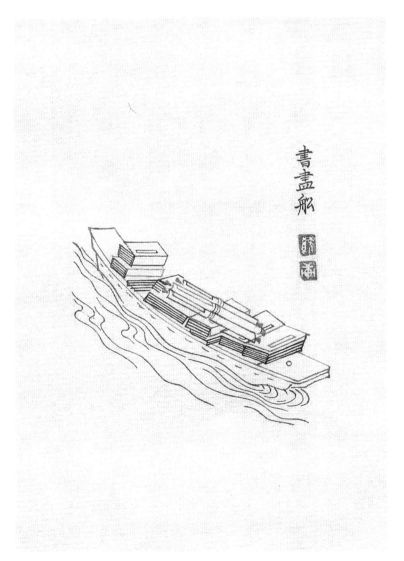

名称："换鹅"木版水印笺

制作时间：1626 年

制作者：吴发祥

规格：纵 21 厘米，横 14.5 厘米

收藏者：上海博物馆

　　此笺是《萝轩变古笺谱》下册搜奇二十四幅中的一幅。依据东晋大书法家王羲之以书换鹅的故事设计、雕版、饾版水印而成。

　　相传书圣王羲之特别喜爱白鹅。山阴（今浙江绍兴）有一个道士，想求王羲之给他写一本《道德经》，但又怕不答应，就买了一群小鹅来家饲养。几个月后，鹅长大了，道士故意将鹅放在王羲之经常路过的地方。果然，王羲之看到这群羽白、顶红、姿态丰满的白鹅后，为之心动，舍不得离去。道士见状即提出了以鹅换书的要求，王羲之毫不犹豫地给道士写了一本《道德经》，高兴地带着鹅走了。

名称："月上梅梢"木版水印笺

制作时间：1644 年

制作者：胡正言

规格：纵 21.2 厘米，横 14 厘米

收藏者：国家图书馆

此笺是明代胡正言主持刻印的《十竹斋笺谱》第四卷香雪八种之一。

胡正言字曰从，斋名"十竹斋"，精通绘画、书法、篆刻等。《十竹斋笺谱》是我国木版雕刻、彩色印刷的经典之作，为研究明代饾版、拱花技艺以及书画、人文历史等留下了宝贵的历史资料。原谱印行于明崇祯十七年(1644 年)，传本极为罕见。20 世纪 30 年代，郑振铎偶见王孝慈藏《十竹斋笺谱》，遂与鲁迅共同主持翻印，1941 年由荣宝斋完成。1952 年，荣宝斋再次翻印出版。本书所选《十竹斋笺谱》图均出自荣宝斋1952 年版。

该笺印有"胡曰从写于十竹斋"字样，原图应为胡正言绘制。梅因其不畏严寒、剪雪裁冰、独天下而春的品性，与兰、竹、菊并称为"四君子"，与松、竹并称为"岁寒三友"，千百年来为人们所喜爱。笺面上一轮满月挂于梅梢之上，梅枝尽力向上伸展，色彩淡雅，生动地刻画出梅花的清肌傲骨，寄托了文人雅士孤高傲岸的品格。

名称："青鸟"木版水印笺

制作时间：1644 年

制作者：胡正言

规格：纵 21.2 厘米，横 14 厘米

收藏者：国家图书馆

此笺是《十竹斋笺谱》第四卷寿征八种之一。

《汉武故事》中有云："七月七日，上于承华殿斋，正中，忽有一青鸟从西方来，集殿前。上问东方朔，朔曰：'此西王母欲来也。'有顷，王母至，有两青鸟如乌，夹侍王母旁。"此后古人便以"青鸟"作为信使的代称。

古代文人以青鸟入笺，是出于一种企盼之情，希望将书信尽快送达亲友手中，将幸福传递。

青鸟
十竹
斋

此笺是《十竹斋笺谱》第二卷凤子八种之一。

画面上两只蝴蝶上下翻飞，色彩斑斓，嬉戏于红花之间，充满着幸福与甜蜜。蝴蝶一生只有一个伴侣，因而是忠贞的代表，双飞的蝴蝶在传统文化中是自由恋爱的象征。

古代文人在用纸笺写信时，往往会精心挑选图案，以表达自己的心境、情感等。用双蝶、红花入笺，伴以文字，或寄送幸福与甜蜜，或传递对爱情的忠贞、对自由的渴望。

名称："双蝶"木版水印笺

制作时间：1644 年

制作者：胡正言

规格：纵 21.2 厘米，横 14 厘米

收藏者：国家图书馆

名称："奇石"木版水印笺

制作时间：1644 年

制作者：胡正言

规格：纵 21.2 厘米，横 14 厘米

收藏者：国家图书馆

此笺是《十竹斋笺谱》第一卷奇石十种之一。

此笺采用饾版水印技法印制。只见奇石浮于水波之上，似蓬莱仙岛，风骨嶙峋；其一足垂立，有倾倒之感，然左侧的"十竹斋临"平衡了整幅画面，更显此石的奇特。

古代文人墨客多热衷于搜石、赏石，以形体较大而奇特者造园，"小而奇巧者"作为案头清供，并以诗文记之、颂之。以饾版水印奇石入笺，也是一种赏石的方式。

名称："陆羽煎茶"木版水印笺

制作时间：1644 年

制作者：胡正言

规格：纵 21.2 厘米，横 14 厘米

收藏者：国家图书馆

此笺是《十竹斋笺谱》第一卷隐逸十种之一。

此笺以饾版套色水印陆羽煎茶图。陆羽（733—804 年），字鸿渐，唐代茶学专家，被誉为"茶仙""茶圣""茶神"。一生嗜茶，精于茶道，善于品茗，始创煎茶法，撰有我国第一部关于茶的专著——《茶经》。

此图中陆羽正在悠然品茶，身前置一炉，炉上正隔水煎茶，旁置一把蒲扇及煎茶器皿等，为研究我国茶文化、煎茶法以及煎茶器具等提供了宝贵的历史图片资料。

陆羽

味水情何淡居尘

意不同 十竹斋

名称："菊花"木版水印笺

制作时间：1644 年

制作者：胡正言

规格：纵 21.2 厘米，横 14 厘米

收藏者：国家图书馆

此笺是《十竹斋笺谱》第二卷折赠八种之一。

此笺是以饾版、拱花技艺印制而成。菊花又名延年、寿客，经霜傲骨，为"四君子"之一，是淡泊名利、高风亮节的象征，代表着一年四季中的秋季。图中两枝菊花造型生动，一黄、一蓝凌霜斗艳，黄的高贵，蓝的清雅，彰显脱俗高洁的品性。花朵以拱花凸出于纸面，独具匠心。

胡曰从临
于十竹斋

名称："达旦"木版水印笺

制作时间：1644 年

制作者：胡正言

规格：纵 21.2 厘米，横 14 厘米

收藏者：国家图书馆

　　此笺是《十竹斋笺谱》第三卷高标八种之一，在宣纸上以木版雕刻套色水印制作而成。

　　画面中置一书案，上有一香炉、一书，案前置一烛台，后置一鼓凳，以屏风遮挡，勾绘出幽雅、文静的古人读书习字的环境。烛台上，火苗跳动，燃烧正旺。此笺取名"达旦"，意为"通宵达旦"，传递了古人勤奋、刻苦的学习态度。

　　这张木版水印"达旦"笺为我们了解古人的生活留下了珍贵的历史图片资料。

达旦
十竹斋

名称："螭虎"木版水印笺

制作时间：1644 年

制作者：胡正言

规格：纵 21.2 厘米，横 14 厘米

收藏者：国家图书馆

　　此笺是《十竹斋笺谱》第二卷
龙种九种之一，木版套色水印与拱
花技艺结合，刻画出一衔书游走在
水中的螭虎，造型灵动，色调占雅，
拱花水浪立体感强。

　　螭虎为龙与虎的化身，是传说
中的龙子之一，代表了力量、神威
与王权。螭虎纹最早见于商周时期
的青铜器上，古时经常出现在文房
用品、印玺及随身玉佩的纹饰中，
现在砚台、镇纸、笔搁等的纹饰中
仍有使用。

此笺是《十竹斋笺谱》第三卷孺慕八种之一。内容出自"二十四孝"中子路百里负米的典故。子路是孔子的弟子，早年家穷，自食粗粮而以细粮奉母，细粮乡里求之不得，往往远及百里为母负米。

此笺通过饾版套色水印刻画出一根用拐杖挑着的布袋，右上角以"负米"二字点题，图案简洁，构图精巧，寓意深刻。由此可以看出胡正言制笺时对图案是精心安排和设计的，起到了传播优秀传统文化的效果。

名称："负米"木版水印笺

制作时间：1644 年

制作者：胡正言

规格：纵 21.2 厘米，横 14 厘米

收藏者：国家图书馆

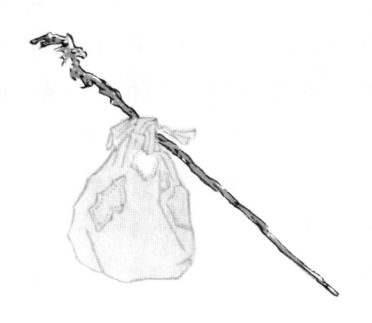

负米
十竹斋

名称：博古纹木版水印拱花笺

制作时间：1933 年

制作者：荣宝斋

规格：纵 31 厘米，横 21 厘米

收藏者：荣宝斋

　　此笺是《北平笺谱》第一册博古笺四种之一。《北平笺谱》是继《萝轩变古笺谱》《十竹斋笺谱》之后又一笺谱精品，由鲁迅和郑振铎搜集、编辑、出资，荣宝斋于 1933 年 12 月出版，共收笺纸 330 幅，分为 6 册。鲁迅、郑振铎对我国传统笺纸艺术进行了抢救性的保护，为我国木版套色水印与拱花技艺的传承与发展做出了巨大贡献。

　　博古本意为古器物，博古纹多采用鼎、尊、彝、瓶、壶、文玩、瓜果等作为题材，高洁清雅，为文人、士大夫所钟爱。此笺博古纹印制在笺纸的左下角，色彩丰富艳丽而典雅；图中宝壶、如意等造型精美，刻画精细，瓜果形态逼真；在木版套色水印的同时运用了拱花技艺，增强了器物的质感。

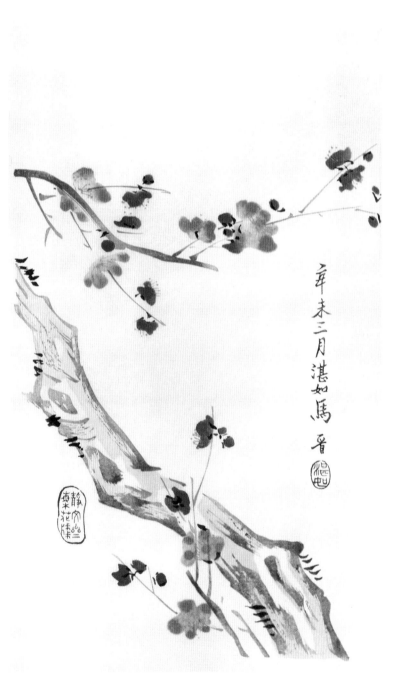

名称："梅花"木版水印笺

制作时间：1933 年

制作者：静文斋

规格：纵 31 厘米，横 21 厘米

收藏者：荣宝斋

《北平笺谱》中，除荣宝斋刻印 65 种外，其余为松古斋、松华斋、淳菁阁、静文斋、宝晋斋、清秘阁、懿文斋、荣录堂、成兴斋九家"南纸店"刻印，再由荣宝斋装订出版。

此笺为《北平笺谱》第六册梅花笺二十种之一，由马晋（1900—1970 年）绘画，静文斋印制。画面上梅干苍劲，梅花色彩艳丽，层次丰富，显示出高超的雕刻与木版水印技艺。其构图颇有巧思，整体呈反"7"字形，梅花主干大角度倾斜于笺纸左下方，有行将倒地之感，却在笺纸上方近三分之一处以一近乎水平的盛开着梅花的枝条横于纸面，再从笺纸底部近于中间位置向上伸出一小根梅枝，以破画面的单调，并以落款、印章求得画面的整体平衡。

名称："壬申"木版水印笺

制作时间：1933 年

制作者：荣宝斋

规格：纵 31 厘米，横 21 厘米

收藏者：荣宝斋

　　此笺由近现代画家王梦白
（1888—1934 年）绘图，为《北
平笺谱》第六册壬申笺四种之
一。

　　王梦白擅画花卉翎毛，尤
擅画猴。此笺刻工精细，印制
精巧，刻画出一只嬉戏在松枝
间的猴子，形神兼备，体现了
高超的木版套色水印技艺，再
现了王梦白的绘画艺术。

名称："目送飞鸿"木版水印笺

制作时间：1933 年

制作者：成兴斋

规格：纵 31 厘米，横 21 厘米

收藏者：荣宝斋

　　此笺为《北平笺谱》第三册动物笺四种之一，由王振声（1842—1922 年）绘画，成兴斋印制。

　　鸿雁是大型候鸟，在每年秋季成群排成"一"或"人"字形飞往南方过冬。鸿雁南迁常引起游子对家乡、亲人深深的思念，鸿雁传书的故事是我国千古佳话。

　　王振声以寥寥数笔，刻画出一只展翅飞翔的大雁，形象生动，我们似听到鸿雁洪亮、清晰的叫声。"目送飞鸿"，传达着依依惜别之情。

名称："山水"木版水印笺

制作时间：民国

制作者：荣宝斋

规格：纵 28.2 厘米，横 18.5 厘米

收藏者：掇英轩

　　原画由溥儒（1896—1963年）作。溥儒擅画山水、人物、花卉，精书法，与张大千并称"南张北溥"。画面为刈角式布局，山石林立，苍松眺岩；从左上角至右下角大面积留白，似水、似云、似天，给人以遐想；一雅士拱手临崖而立，若有所思。

　　此笺以木版套色水印再现原作风采，色彩丰富、古雅，套色准确，不失为木版水印笺中的上品，备受文人雅士珍爱。

名称："板栗"木版水印笺

制作时间：民国

制作者：荣宝斋

规格：纵 29.5 厘米，横 19.2 厘米

收藏者：掇英轩

　　此笺由张大千绘画，上题宋代苏辙咏栗诗句"客来为说晨兴晚，三咽徐收白玉浆"。用笔放逸，设色淡雅，刻画微妙，顾盼生姿，把树上板栗的质感表现得淋漓尽致，富有生活情趣。以木版水印体现毛笔运笔和水墨效果，几可乱真。

名称："梅花"木版水印笺

制作时间：民国

制作者：荣宝斋

规格：纵 29.5 厘米，横 19.2 厘米

收藏者：掇英轩

　　此笺原图为张大千绘制。画
面构图极为疏朗，仅一梅树老干，
旁出新枝，从右侧伸入画面，枝
头白梅两朵，色彩极简，除了几
枚印章为朱色，其余都为淡墨色。
取水墨梅花意象，使人想起"疏
影横斜水清浅，暗香浮动月黄昏"
的咏梅诗意。

名称："武陵春色"木版水印笺

制作时间：民国

制作者：荣宝斋

规格：纵29.5厘米，横19.2厘米

收藏者：掇英轩

此笺为张大千绘画，荣宝斋制笺。画面中两枝桃花同根交错，迎春开放，红花绿叶相辉映，生意盎然。上有吴昌硕题"玉洞明霞晓，仙源腻雨春。冯问武陵人，双桃根叶在"句。右下角题有"武陵春腻雨，玉洞晓明霞"，钤篆文"蜀客"（张大千号）方章。

此笺集诗、书、画、印于一体，为典型的民国文人画纸笺，品位高雅，意趣盎然，再现了民国时期花鸟画秀逸的特点。

名称："山厨清供"木版水印笺

制作时间：民国

制作者：荣宝斋

规格：纵 29.5 厘米，横 19.2 厘米

收藏者：掇英轩

　　此笺原图是张大千蔬菜
写意作品，以木版分色雕刻，
经手工套印、叠印而成，再
现了作品的原貌。纸笺笔墨
清新，色彩鲜明，刻画的黄瓜、
尖椒、荸荠栩栩如生，似能
感受到它们的新鲜味道。

名称："美人消息总平安"木版水印笺

制作时间：民国

制作者：云蓝阁

规格：纵 22.6 厘米，横 12.2 厘米

收藏者：掇英轩

　　庭院之中，修竹之下，一仕女依石而立，蓦然回首。人物形象刻画生动，线条流畅，女子娇柔多情的特点跃然纸上。此笺原图为清代画家费以耕所画。费以耕字余伯，以人物仕女名世，为清代著名人物画家费丹旭之子。

　　云蓝阁笺谱由陈云蓝监制，主要为单色花笺，多系当时名家之作。

名称：木纹皮纸

制作时间：宋代

制作者：不详

规格：纵 7 厘米，横 55 厘米

收藏者：安徽博物院

此为安徽无为县蓉城镇宋代砖塔出土的吴越王钱弘俶造印的《陀罗尼经卷》用纸。该纸先以木版雕刻出木材纹理，再以纸覆之，水墨印刷而成。原料以楮树皮为主，至今纸质坚韧。

此纸木纹疏密有致，雕刻自然，形象逼真，体现了古代制笺艺人对自然的准确了解与把握，反映出雕刻及印制技艺的娴熟。木纹是树木生长留下的印记，以木纹纸作为承载经文的纸张，寄托着吴越王钱弘俶对经文的崇敬之心，希望经文能够长久传存。

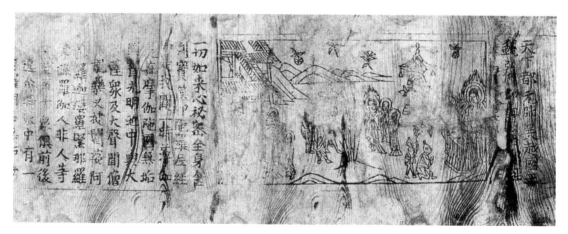

《陀罗尼经卷》局部

五色吉祥水印笺包括印有吉祥图案的五种颜色的纸笺。

此为其中的一种粉色吉祥水印笺，其边框图案为山水、百蝠，篆书题名"寿山福海"，寓意福如东海，寿比南山。其余各笺分别为：青色，图案为仙桃、祥鹤，题名"蟠桃献瑞"；绿色，图案为山水、神鹿，题名"六合长春"；浅青色，图案为花枝绶带鸟，题名"群仙祝寿"；浅粉色，图案为梅树、云鹤，题名"眉鹤万年"。各笺在左下角均有篆书款"四川劝工局谨制"。

此套笺图案装饰性强，纹饰内容吉祥，有浓厚的宫廷气息，为清宫书写用纸，也用作壁纸。

名称：五色吉祥水印笺

制作时间：清乾隆年间

制作者：不详

规格：纵47厘米，横68.2厘米

收藏者：故宫博物院

名称：清秘阁仿古名笺

制作时间：清代

制作者：清秘阁

规格：纵 9.3 厘米，横 23.6 厘米

收藏者：故宫博物院

此笺为清代北京琉璃厂的清秘阁制作，其纸质洁白匀净，薄而细密，手感柔韧，迎光可见细小罗纹帘纹。纸面一朵盛开的牡丹，在绿叶的映衬下，富贵吉祥。牡丹图案是以木版雕刻、饾版套色水印而成，其色彩艳丽，花色晕染如手绘写意笔墨，可见其饾版水印制作技艺的精湛。

此笺一套多张，装于梅花锦盒内，在纸笺左下角有篆书朱印"清秘造"，锦盒正面墨书"京都清秘阁仿古名笺"，下署"毓如署签"。此笺专供文人雅士书写诗词、信札之用，为清代中期较为流行的一种仿古笺。

竹，四季常青，不畏严寒酷暑，坚韧挺拔，是虚心劲节、正直顽强的象征，自古以来竹与梅、兰、菊被誉为"四君子"，亦与松、梅被称为"岁寒三友"。

此笺为清末北京琉璃厂南纸店成兴堂印制，集诗、书、画、印于一体，雕刻细腻，印制精巧，再现了原作的神韵，竹的清雅脱俗尽收眼底，为典型的文人画笺。

名称："竹石图"木版水印笺

制作时间：清末

制作者：成兴堂

规格：纵 66 厘米，横 133 厘米

收藏者：掇英轩

名称：龙纹朱砂行信札纸

制作时间：清代

制作者：不详

规格：纵 24 厘米、横 94 厘米

收藏者：安徽博物院

信札纸多为文人雅士书写信函时用。这函龙纹朱砂行信札纸为清代印花信札纸，竹纸制作，首尾两页分别有木版水印朱红色腾龙纹，内芯用朱砂印行栏，后以经折式叠制而成。五爪正龙的龙纹气势威武，当为帝王使用。

局部

此为套色木版水印笺，色彩丰富而雅致，印工细腻而精美。笺面上一枝紫藤从左下方向上伸展，随即向右挑出长长的枝条，枝繁叶茂，一串串硕大的青紫色蝶形花穗垂挂枝头，两只勤劳的蜜蜂正徇香飞来，增添了画面的动感。

紫藤春季开花，为落叶攀援缠绕性大藤本植物，喜与树连理。在我国民间传说中，紫藤花为情而生、为爱而亡，代表了缠绵、动人的爱情，自古以来被文人所喜爱。

此笺为上海九华堂制，钤"九华宝记"印。九华堂开设于清光绪十三年（1887 年），其制作的木版水印笺为清末、民国时期文人雅士争相使用与收藏。

名称："紫藤"木版水印笺

制作时间：民国

制作者：九华堂

规格：纵 18 厘米，横 52.5 厘米

产地：上海

收藏者：掇英轩

名称：遂初堂山水宣纸屏

制作时间：1792 年

制作者：遂初堂

规格：纵 198.8 厘米，横 50 厘米

收藏者：故宫博物院

此宣纸屏为"山水四扇屏"中的一张，四扇屏每张规格、颜色、品质均相同，只是山水图案不同。每屏可独立成画，四屏连接又构成一幅大而完整的山水画，这种相连的四扇屏称"海幔"，又称"通景屏"。此屏以硬白纸为基，双面裱灰白色暗花绢，其上托裱棕黄色宣纸，再印白色线条山水图案，印制精美，未及书写已是令人赏心悦目的艺术品。

该四扇屏的第三屏右上方有篆书朱印"乾隆五十有七年遂初堂初氏记"。遂初堂位于清宫宁寿宫花园（即乾隆花园）内，建于乾隆三十七年（1772 年）。古时官员隐退，得遂初愿，谓之"遂初"。乾隆帝御极时许愿，在位周甲即当让位，不超越其祖父康熙帝在位之期，遂初堂因此得名。

局部

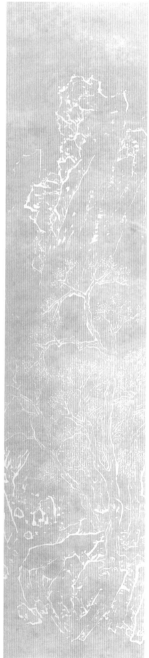

虎皮宣是清代出现的一种宣纸加工纸,将宣纸经过染色、米汤洒溅、烘烤等多道工艺加工而成,因纸面呈现出像虎皮斑纹的肌理而得名。粉红、米黄、浅灰、浅蓝、淡橙间以虎皮斑纹,五彩纷呈,更具装饰性与艺术性。虎皮宣因其纸性偏熟,受墨不洇,适于画工笔画及写楷书、隶书,亦常见于书籍的装帧等。

名称:五色虎皮宣

制作时间:清乾隆年间至清末

制作者:清秘阁

规格:纵 134 厘米,横 65.5 厘米

收藏者:安徽博物院

局部

名称：流沙笺

制作时间：2009 年

制作者：张宇婕

规格：直径 30 厘米

收藏者：张宇婕

流沙笺又称墨流笺，在我国唐代即已出现，笺面图案似流动的沙子，飘逸的云彩。流沙笺的制作是利用水与颜料的密度不同，使颜色浮于水表面，轻轻搅动，以纸拖曳而成。制作时可一色，也可多色混合，色彩斑斓，变化多样。常作为书籍装帧、室内装饰、书法与绘画用纸等。

此笺由台湾手工纸专家王国财先生制作，因纸面纹理似浩渺水面上掀起的层层波浪而得名。

明代杨慎《丹铅总录》载："唐世有蠲纸，一名'衍波笺'，盖纸纹如水纹也。"从杨慎的文字描述来看，此笺与唐代的"衍波笺"应相仿。

衍波笺是流沙笺在技术上的演变与发展，制作原理与流沙笺相同，所使用的胶液使水面洒溅的颜色较长时间地停留，不易扩散，后取一齿状工具有规则地梳刮漂浮着的颜色，再以纸覆水面拖曳而成。

衍波笺适合制作小巧的诗笺、信笺、笺条等，供书写使用，也可用于现代室内装饰及书画装裱。

名称：衍波笺

制作时间：1996 年

制作者：王国财

规格：纵 39 厘米，横 54 厘米

产地：台湾

收藏者：王国财

局部

名称：斑石冰纹纸

制作时间：1996 年

制作者：王国财

规格：纵 39 厘米，横 54 厘米

产地：台湾

收藏者：王国财

斑石纹纸因色彩斑斓，纹理似大理石纹而得名。唐代张彦远《法书要录》中记载："萧公名诚，兰陵人，梁之后……善造斑石纹纸，用西山野麻及虢州土谷，五色光滑，殊胜。"

斑石纹纸与流沙笺制法相近，因配料不同，显现出不同肌理。这张斑石冰纹纸是王国财先生的创新，将刚从水面拖曳而出的斑石纹纸趁湿置于即将结冻的环境中，纸面渐渐结冰，出现精美的冰花，色彩亦随之变化，再经晾干，形成带有自然冰花肌理的斑石纹纸，故名。

斑石冰纹纸适用于书法、装裱、装帧及室内装饰等。

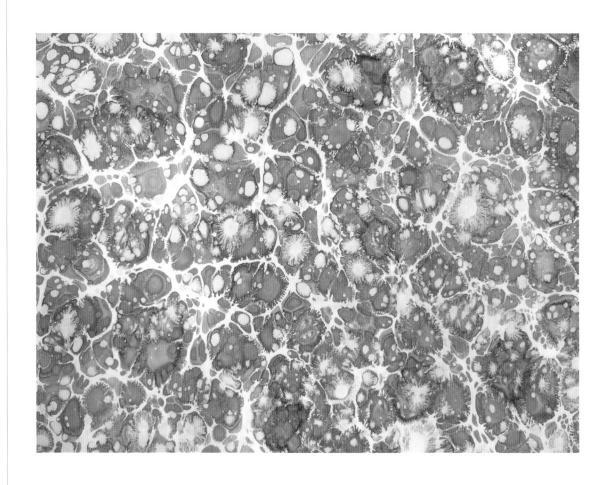

《说文解字》云："琅，琅玗，似珠者。"
冰琅笺因其纸面肌理似悬挂着的串串即将融化
的冰珠而得名。在湿纸上洒溅和以胶矾的色水，
然后将纸张垂直悬挂，让色水在纸面自行流淌，
待纸面形成冰琅效果时，迅速将纸平端烤干而
成。冰琅笺色彩依洒溅颜色的不同而多样，这
张为米黄色冰琅笺。

冰琅笺装饰感强，纸性偏熟，多用于书法
创作，常见于信笺、诗笺及笺条的使用。

名称：冰琅笺

制作时间：20 世纪 80 年代

制作者：安徽泾县红星宣纸厂（现中国宣纸股份有限公司）

规格：纵 133 厘米，横 66 厘米

产地：安徽泾县

收藏者：掇英轩

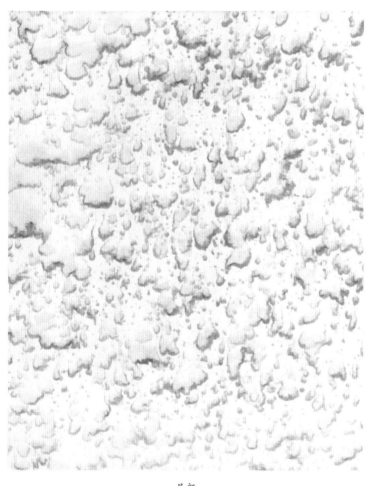

局部

名称：水浪纹纸

制作时间：宋代

制作者：不详

规格：纵 27.1 厘米，横 36.6 厘米

收藏者：上海博物馆

这是宋代沈辽行书《动止帖》用纸。该纸是用丝线或马尾线把设计好的图案编织在纸帘上，然后用该纸帘抄纸而成。所抄出的纸张，迎光可见汹涌的水浪纹满布纸面。

从该纸我们可了解宋代精湛的编帘和抄纸工艺，及其对纸张艺术性的极致追求。

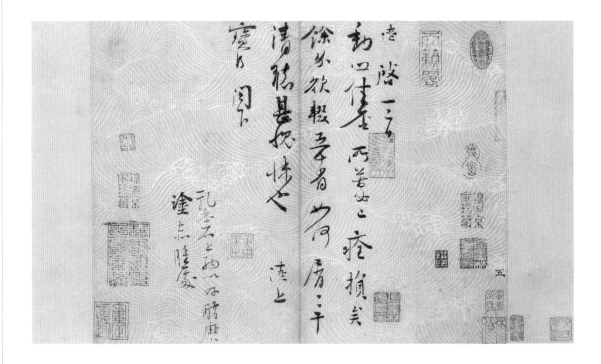

水纹纸以其纸面纹理似水的波纹而得名。图中水纹纸分别呈浅灰、浅橙、淡蓝、浅仿古、浅紫灰色，五色清雅，水波纹理自然有趣。制作时，先用相应的颜色加骨胶、明矾等配制成染料，再用染料浸染原纸，自然悬挂晾干，待颜色与水分离，便形成水纹肌理效果。在制作过程中染料的配制最为关键，各种配料的多少决定了水纹纸制作的成败及纹理的宽窄、大小及形状。

名称：五色水纹纸

制作时间：2013 年

制作者：朱正海

规格：纵 133 厘米，横 66 厘米

产地：安徽泾县

收藏者：安徽泾县艺英轩宣纸工艺品厂

名称：二龙戏珠刻画笺

制作时间：2008 年

制作者：刘靖（仿制）

规格：纵 68 厘米，横 33 厘米

产地：安徽巢湖

收藏者：掇英轩

刻画笺又名透光笺，它将刻纸与托裱工艺相结合，在纸张中间夹一张有纹饰的刻纸，多为三层复合。将刻画笺迎光看时，显现精美的图案，极具装饰感。

此笺根据北京唐迺昌先生提供的乾隆二十七年（1762 年）三月周尚文所献御用刻画笺复制，图案古朴，刻工精细，透光时可见两条五爪升龙恭捧着刻有"乾"卦的龙珠。"乾"在八卦中代表天，此笺旧时只有皇帝才可使用。

名称：七言福寿纹刻画笺

制作时间：20 世纪 80 年代

制作者：不详

规格：纵 136 厘米，横 34 厘米

产地：安徽泾县

收藏者：掇英轩

  此笺为书法用七言对联纸，分上、下两联，此为其中一张。迎光看，纹样清晰可见，是为刻画笺。先在一张薄纸上刻制出福寿纹和暗八仙纹镂空纹样，再经上、下两面覆纸托裱而成。

  此笺在制作过程中运用了阳刻和阴刻两种技法。福寿纹为圆形适合纹样，以"寿"字为主体，环绕五只蝙蝠，寓意福寿双全；七个"寿"字各不相同，等距排列，便于书写时定位。暗八仙为道家八仙所持的八种法器，纹样寓意长寿与吉祥；此笺有宝剑、拂尘等四种法器纹样，其他四种法器纹样当在对联的另一张纸上。

局部

名称：瓷青纸

制作时间：明代

制作者：不详

规格：每开纵 24.3 厘米，横 37.5 厘米

收藏者：安徽博物院

瓷青纸，始造于明宣德年间，为宣德贡纸之一。原纸经靛青染料多次浸染而成，呈深蓝色，因其色似瓷器的青釉而得名，多为佛教写经用纸。靛青又称靛蓝，是以蓼蓝或菘蓝、木蓝、马蓝等植物叶子发酵制成的深蓝色有机染料。《荀子·劝学》中载"青，取之于蓝，而青于蓝"，第一个"青"字指的就是靛青。

此张瓷青纸为明成化七年（1471年）《观世音菩萨普门品经折》用纸。一册五十三开，此为其中一开，纸面以足赤金粉写绘经文及观音救难等插图，图案精美，画工精细，书艺精湛。经册历时五百余年，依然簇新，毫不败色，可见纸品制作之精及金粉成色之足。此册因其纸品、题材、形式（我国连环画的最早萌芽之一）独特而被视作珍宝。

羊脑笺是明代宣德年间创制的名笺，"以宣德瓷青纸为之，以羊脑和顶烟墨窖藏久之，取以涂纸，研光成笺。黑如漆，明如镜……以写（泥）金，历久不坏，虫不能蚀"。

这本羊脑笺写经折页是在羊脑笺的基础上经过托裱、手绘、折叠、装潢等工艺精制而成。折页上的金丝栏格及右侧观音、左侧韦陀像均用纯金粉和胶一笔笔绘制。

观音是佛教中慈悲和智慧的象征，图中观音脚踏金鳌，手执净瓶与杨柳枝，在大海中逆风前行，寓意普度众生出于茫茫苦海。韦陀是佛教的护法神，为四大天王手下三十二神将之首，图中韦陀双手合十，将金刚降魔杵横在胸前，除邪卫道。两尊金色菩萨在黑色羊脑笺的映衬下，更显庄严，使人油然而生敬畏之情。

羊脑笺写经折页宜用金色或朱砂色在其上书写经文。

名称：羊脑笺写经折页

制作时间：2009 年

制作者：刘靖

规格：纵 33 厘米，横 137.5 厘米

产地：安徽巢湖

收藏者：掇英轩

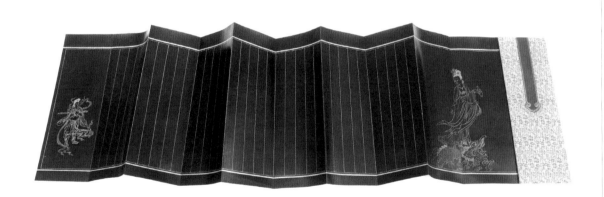

名称：蜡印故事笺

制作时间：明代

制作者：不详

规格：纵 31.5 厘米，横 130 厘米

收藏者：故宫博物院

此笺为加工考究的砑花笺。砑花笺在明清时较为流行，其制作方法是先将设计好的图案正像阳雕在硬木板上，再将纸经过施粉、染色，正面朝上铺于木版上，接着以砑石擦蜡，依次轻磨雕版图案处，因压力及蜡的作用，图案逐渐光亮显现，砑印在纸面。

此笺画面山石峻峭、古松虬立、溪水潺潺，人物刻画生动，显示出较高的绘画、雕刻技能，制作精良。选用上等皮纸制造，纤维匀细，染以色彩，纸表面有少量施粉，适于笔墨。

局部

名称：描银勾墨云龙朱砂笺

制作时间：清代

制作者：不详

规格：纵 205 厘米，横 38 厘米

收藏者：安徽博物院

此为清乾隆年间进士金长溥楷书十言联用笺，是将朱砂研成粉末，和胶，涂布于胶矾纸上，使纸面色彩饱和，制成朱砂笺，再以泥银绘祥云、腾龙，复蘸淡墨勾勒加绘而成。

将朱砂应用到纸笺加工技艺中，不仅红色经久不褪，还使纸张具有防腐防蛀的性能，利于长期保存。此笺气势恢宏，充满了喜气与祥和；历经两百多年，除因银氧化变色外，仍如新作。

名称：印花填彩加绘茶色绢纹纸

制作时间：清代

制作者：不详

规格：纵 129 厘米，横 21 厘米

收藏者：安徽博物院

此为清代梁山舟草书七言联用纸。其制作工艺较为复杂：选优质纸张，经染色后，以面浆令纸质坚挺，再用强力将刻有绢纹的凹凸版压向纸面，使纸上隐隐显现绢质纹理。绢纹纸制成后，采用木刻水印法套印出图案的大致轮廓，再以画笔蘸淡彩加绘，填实花叶及果实等细部，从而使画面更加有质感。此纸细绝平滑、坚薄匀挺，极富绢质感。初看仿佛绢帘外俏枝招展、花影扶疏，配上法书则更觉精致古雅、意趣无穷。

此笺是将宣纸染红后，覆于雕刻好的竹纹花版上，以银粉调胶拓印而成，显得古朴典雅。

造金银，顾名思义，所使用的金、银粉是自己制作的。造银印花笺是以云母与通草、苍术、生姜等，经过煮料、布包揉洗、过滤、灰堆干燥等工艺制成细腻的银色粉末（俗称银粉），再加入白芨胶调和成银色浆料，将其刷涂于花版上拓印而成。至于造金印花笺，还需在银色浆料中加入姜黄汁，制成金黄色浆料，再覆版印制。以此法制作的金、银粉具有真金般耐氧化、不变黑的特点。

造金银印花笺法见于明代屠隆《考槃余事》、高濂《遵生八笺》、项元汴《蕉窗九录》等文献中。其技艺一度中断，2000年掇英轩与中国科学技术大学科技史与科技考古系合作，成功复原了造金银印花笺制作技艺，相关成果见《中国传统工艺全集·造纸与印刷》一书。

名称：竹纹造金银印花笺
制作时间：2000年
制作者：刘靖
规格：纵 29.7 厘米，横 21 厘米
产地：安徽巢湖
收藏者：掇英轩

名称：扎染笺

制作时间：2016 年

制作者：方玉红

规格：纵 48 厘米，横 56 厘米

产地：安徽巢湖

收藏者：掇英轩

扎染是我国传统手工染色技术之一，现多用于织物扎结染色，在纸上扎染已不多见。经过扎染的纸多用于传统装饰、装帧或书法。

此笺是以皮纸为底，先将皮纸折叠，再经纱线缚、扎等工艺后，将其浸染制成的。此笺纹饰似晨光透过薄薄的窗帘，微风拂过，纱影晃动，装饰感极强。

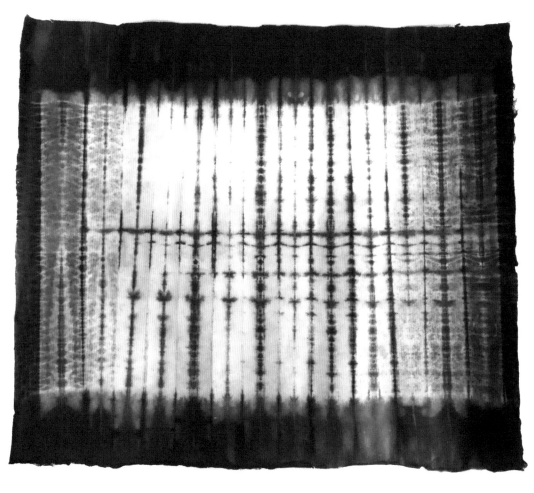

参考文献

[1] 长城出版社. 中国历代草书珍迹 [M]. 北京：长城出版社，2004.

[2] 国家文物鉴定委员会. 文物藏品定级标准图例：文房用具卷 [M]. 北京：文物出版社，2008.

[3] 颜继祖，吴发祥. 萝轩变古笺谱 [M]. 南京：凤凰出版社，2013.

[4] 胡正言. 十竹斋笺谱 [M]. 北京：荣宝斋，1952.

[5] 鲁迅，郑西谛. 北平笺谱 [M]. 北京：荣宝斋，2003.

[6] 王国财. 古代著名手工纸制作技法初探 [J]. 浆纸技术，2000.

[7] 沈初. 西清笔记 [M]. 上海：商务印书馆，1936.

[8] 广陵古籍刻印社. 笔记小说大观 [M]. 扬州：广陵古籍刻印社，1984.

[9] 《中国文房四宝全集》编委会. 中国文房四宝全集：笔纸卷 [M]. 北京：北京出版社，2008.

[10] 张荣，赵丽红. 故宫经典：文房清供 [M]. 北京：紫禁城出版社，2009.

[11] 朱世力. 文房珍品 [M]. 香港：两木出版社，1995.

[12] 张淑芬. 故宫博物院藏文物珍品大系 文房四宝：纸砚 [M]. 上海：上海科学技术出版社，2005.

[13] 汉语大字典编辑委员会. 汉语大字典 [M]. 成都：四川辞书出版社，1996.

后记

王海霞　中国艺术研究院民间美术研究中心
主任、研究员

　　《图说中国非物质文化遗产·中国最美》丛书第一辑（十卷本）自 2013 年出版以来，得到了社会各界的广泛好评，并被国家新闻出版广电总局纳入了"经典中国国际出版工程"项目，相继出版了中文繁体版、英文版、日文版和俄文版，使我们编创人员受到了莫大的鼓励。2015 年，我们又出版了丛书第二辑（八卷本）。我想不是因为这套书的水准有多高，而是我们国家在经过了多年的非物质文化遗产保护宣传和实践后，非物质文化遗产的理念已经深入人心，社会各界十分渴望了解中国非物质文化遗产的相关知识。这套小书被热捧，就是一个证明。即将出版的丛书第三辑（八卷本）是在延续第一辑、第二辑出版成果的基础上编创的，包括了窗花、传统印染、马勺脸谱、擦擦、民族服饰、纸笺、荷包与肚兜、原始瓷。我们深知这几本小书所呈现的只是博大精深的中国非物质文化中的一小部分，我们希望有机会介绍更多的优秀的非物质文化遗产，让社会各界和国际友人了解中国传统文化的大美，这也是我们对中国非物质文化遗产保护和宣传所尽的一份责任。

　　中国改革开放三十余年，经济上获得了极大发展，但由于西方强势文化和现代化、全球化、商业化的影响，中国传统文化受到了前所未有的冲击，很多依靠口传心授的传统手工艺术和技艺陷入濒危的境地。传统节日逐步被人们淡忘，相反，西方的圣诞节、情人节却十分受捧。传统技艺在年轻人中很难找到愿意学习的传承人，青少年与传统文化和艺术的隔膜变得越来越深。面对这种情况，我们需要更多的优秀读物来介绍和推广传统的文化艺术，不能让我们的青年一代远离我们祖宗的文化。

　　自 2003 年我国启动非物质文化遗产保护工程以来，至今已有十四年了。政府提出了"整体性保护、文化生态保护、生产性保护、数字化保护、抢救性保护"等多种建议，并出台了多种保护措施。在国际上，随着联合国教科文组织倡导的文化多样性保护工作的开展，越来越多的外国人士也开始了解和喜爱充满魅力、历史悠久的中国传统文化。我们的保护工作也在全面推开的同时，进入了一个向纵深发展和个案调查的阶段。如何让我们的民众了解我们的非物质文化，让世界各国看到我们的传统文化之美？我想，我们首先要把那些优秀的民间艺术进行一番梳理，进行系统的整合，然后以既有工艺造物之美，又有艺术形式美感的民间工艺美术为切入点，编辑一套最能体现中国文化之美和中国非物质文化工艺特色的丛书，让人们看到它，了解它，爱上它。我们深信，中国民间艺术的魅力是无穷的，它优美的造型，绚丽的色彩，夸张写意的表现，随心所欲的创造力及其所蕴含的深厚的人文精神，加上它独具匠心的制作工艺，都会让我们陶醉不已。这套丛书，就是我们奉献给广大中外读者的一份礼物。我们希望读者尤其是青少年读者能够由此充分了解我们民族民间文化中的"中国最美"。我们也希望能够抛砖引玉，让身为读者的您来告诉大家还有更多的"中国最美"。

《图说中国非物质文化遗产》丛书编委会

王海霞　王开元　马书林　徐艺乙　吕　霞　吕品田　陈志民

主　　编／王海霞
副主编／邰高娣

丛书策划／王开元
　　　　　向　冰
责任编辑／靳冰冰
文字编辑／陈凌云
整体设计／向　冰
　　　　　龚　黎
　　　　　吴　思
技术编辑／李国新

图书在版编目（CIP）数据

纸笺／刘靖著．——武汉：湖北美术出版社，2018.11

（图说中国非物质文化遗产·中国最美／王海霞主编·第三辑）

ISBN 978-7-5394-9082-3

Ⅰ．①纸…

Ⅱ．①刘…

Ⅲ．①纸—文化—介绍—中国

Ⅳ．①TS761

中国版本图书馆 CIP 数据核字（2017）第 140610 号

出版发行：长江出版传媒　湖北美术出版社

地　址：武汉市洪山区雄楚大街 268 号湖北出版文化城 B 座

电　话：（027）87679520 87679521 87679525

传　真：（027）87679523

邮政编码：430070

网　址：www.hbapress.com.cn

电子邮箱：hbapress@vip.sina.com

印　刷：武汉精一佳印刷有限公司

开　本：787mm×970mm　　1/16

印　张：5.5

版　次：2018 年 11 月第 1 版　2018 年 11 月第 1 次印刷

定　价：58.00 元